Síndrome de muerte súbita del lactante.

Manual para padres y personal sanitario.

Mª José Barbosa Chaves

Servando J. Cros Otero

Estefanía Castillo Castro

© Autores: Mª José Barbosa Chaves, Servando J. Cros Otero, Estefanía Castillo Castro.

© por los textos: Gustavo A. Silva Muñoz, Mª Luisa Alcón Rodríguez, Patricia Álvarez Holgado, Mª José Chaves Velazquez, Raquel Flor Astorga.

27 de Octubre de 2012

TITULO: Síndrome de muerte súbita del lactante. Manual para padres y personal sanitario.

ISBN: 978-1-291-15316-3

1ª Edición

Impreso en España / Printed in Spain

Publicado por Lulú

INDICE

CAPÍTULO 1: 7

DEFINICION DEL SMSL

Autores: Servando J. Cros Otero, Gustavo A. Silva Muñoz, Mª Luisa Alcón Rodríguez

CAPÍTULO 2: 10

MAGNITUD DEL PROBLEMA

Autores: Estefanía Castillo Castro, Patricia Álvarez Holgado, Gustavo A. Silva Muñoz

CAPÍTULO 3: 12

ETIOLOGIA Y DIFERENTES TEORIAS

Autores: Mª José Barbosa Chaves, Mª Luisa Alcón Rodríguez, Patricia Álvarez Holgado

CAPÍTULO 4: 19

FACTORES DE RIESGO ASOCIADOS AL SMSL

Autores: Servando J. Cros Otero, Gustavo A. Silva Muñoz, Mª Luisa Alcón Rodríguez

CAPÍTULO 5: 34

EVIDENCIA CIENTIFICA

Autores: Estefanía Castillo Castro, Mª José Barbosa Chaves, Patricia Álvarez Holgado

CAPÍTULO 6: 39

RECOMENDACIONES DE LOS EXPERTOS

Autor es: Mª José Chaves Velazquez, Mª José Barbosa Chaves, Raquel Flor Astorga

BIBLIOGRAFÍA

Capitulo 1

DEFINICION DE SMSL

"La muerte súbita de un niño menor de un año de edad a la cual no se encuentra explicación después de una investigación minuciosa del caso, incluyendo la realización de una autopsia completa, el examen de la escena del fallecimiento y la revisión de la historia clínica" (grupo de expertos del National Institute of Child Health and Human Development, 1991. Hoffman 1992).

Se trata de un diagnóstico sindrómico al que se llega por exclusión y que es probable que tenga diferentes etiologías.

En español se llama también Muerte en Cuna, Muerte Blanca, SMIS ;en inglés, Sudden Infant Death Syndrome, (SIDS).

¿QUE ES SMIS?

- La principal causa de muertes infantiles entre un mes y un año de edad, siendo la mayoría de las muertes entre los 2 y 4meses.
- Repentino y silencioso, el lactante se encontraba aparentemente sano.

- Muerte a menudo asociada con el sueño y sin signos de sufrimiento.
- Determinado solamente después de una autopsia, un examen del lugar del fallecimiento y una revisión de las historias clínicas del lactante y su familia.
- Diagnosticado por exclusión.
- Una muerte infantil que deja preguntas sin respuesta, causante de intenso dolor para los padres y la familia.

¿QUE NO ES SMIS?

- Evitable, pero se puede reducir el riesgo poniendo al bebé de espaldas para dormir, sobre una superficie firme, asegurándose que el ambiente esté libre de humo de tabaco (cigarrillo) y manteniendo al bebé en un ambiente fresco, evitando que se acalore.

- Sofocación.

- Causado por vómitos o asfixias o enfermedades menores tales como resfríos o infecciones.

- Causado por las vacunas (DPT) u otras inmunizaciones.

- Contagioso.

- Debido al maltrato o descuido de los niños.
- La causa de todas las muertes infantiles inesperadas.

¿ES ALGO NUEVO?

En los siglos séptimo y octavo antes de Cristo, los Asirios usaban una cabeza de bronce para resguardarse del dios Lamashtu, quién era conocido por sus "ataques" a los bebés. Se le acusaba de ser responsable de los abortos, de los recién nacidos muertos y de los niños "fallecidos en la cuna".

Se piensa que una de las primeras publicaciones se remonta a los tiempos bíblicos: "...y una noche el hijo de esta mujer murió, porque ella se acostó sobre él": Reyes 3: 19, 22.

Capitulo 2

MAGNITUD DEL PROBLEMA

EL SMSL es la primera causa de muerte postneonatal en los países desarrollados, suponiendo un 40-50% de dicha mortalidad.

La frecuencia varía geográficamente.

> Entre los países con tasa alta (3 a 7 por mil nacidos vivos): Australia, Nueva Zelanda e Irlanda del Norte.

> Los países occidentales tienen en general una tasa intermedia (1 a 3 por mil nacidos vivos).

> Mientras que Hong Kong, Japón y Suecia presentan una tasa baja (0,05 a 1 por mil nacidos vivos).

En España no hay estudios de incidencia válidos pero se asume una tasa intermedia aproximada del 2 por mil (a pesar de que en los datos oficiales del INE constaba un 0,17 por mil en 1999).

Hay un predominio del sexo masculino, con aproximadamente un 50% de sobretasa respecto al femenino.

La gran mayoría de los casos ocurren entre la medianoche y las 9 de la mañana, por lo que se ha supuesto que acontecen durante el sueño. También predominan los casos ocurridos en los meses fríos y húmedos (doble incidencia) respecto a los cálidos y secos. El frío ambiental aumenta el riesgo de SMSL.

Según la Asociacion Americana de pediatría, desde 1992, las tasas del síndrome de muerte súbita del lactante (SMSL) han bajado en forma considerable, cuando por primera vez se alertó a los padres sobre la conveniencia de acostar a los bebés de lado o boca arriba para reducir la posibilidad del SMSL. Desafortunadamente, el SMSL sigue siendo una causa significativa de muerte de bebés menores de un año; de hecho, miles de ellos mueren a causa de esto cada año en los Estados Unidos.

Capitulo 3

ETIOLOGIA Y DIFERENTES TEORIAS

La **causa se desconoce**. Se han postulado numerosas teorías y muchos médicos e investigadores creen en la actualidad que este síndrome no es un fenómeno único causado siempre por los mismos problemas médicos, sino que la muerte del bebé es **ocasionada por varios factores diferentes.**

Entre los factores se pueden incluir problemas con la **estimulación del sueño y una incapacidad para percibir una acumulación de dióxido de carbono** en la sangre.

Hoy en día, la mayoría de los científicos cree que los bebés que mueren de SMIS nacen con una o más condiciones que los hacen **especialmente vulnerables** a las tensiones internas y externas a que están sometidos durante su vida de lactantes.

Muchos investigadores argumentan actualmente, que algunos bebés en riesgo de sufrir del SMIS tienen **defectos en aquellos órganos del sistema nervioso que controlan la respiración y la frecuencia cardiaca.**

Puede ser que la **maduración del tronco encefálico** se vea retrasada en lactantes con SMIS. Pareciera que la mielina, una substancia grasa que facilita la transmisión de señales nerviosas, se desarrolla más lentamente en lactantes con riesgo de SMIS que en otros bebés.

El concepto de lactante vulnerable es parte clave el modelo de triple riesgo de la patogénesis del SMIS (Filiano and Kinney, 1994).

- **Lactante Vulnerable.** El primer elemento clave del modelo del triple riesgo presenta un lactante con un defecto o anomalía subyacente, que lo hace vulnerable.
- **Período Crítico del Desarrollo.** Se refiere a los primeros seis meses de vida del lactante, ocurren cambios en los controles homeostáticos.
- **Tensiones Externas.** Entre ellos se puede incluir factores ambientales (por ejemplo, exposición al humo del tabaco, sobrecalentamiento, o posición decúbito prono—de estómago).

De acuerdo a este modelo, los tres elementos deben interactuar para que ocurra la muerte.

REINSPIRACIÓN DEL AIRE EXHALADO

Uno de los mecanismos propuestos para explicar la patogenia del SMSL, mientras el niño duerme en prono, es la reinspiración del CO_2 exhalado. Cuando el lactante se encuentra con la cara apoyada sobre una superficie semipermeable al gas, el CO_2 expirado se va acumulando en el lecho y, en las inspiraciones sucesivas el aire presentará un mayor contenido en dióxido de carbono y una disminución gradual del oxígeno, hechos que de mantenerse pueden llevar al lactante a la muerte.

La **respuesta fisiológica** normal a la reinhalación de dióxido de carbono sería la estimulación (en respuesta a la hipoxia y la hipercapnia) ,el aumento de la ventilación, el movimiento y el despertar.

Pero en estudios realizados por **Bolton** se observa que el 2% de la población infantil puede tener una **respuesta inadecuada** al incremento de las concentraciones de CO_2 inspirado e **hipoventilación paradójica en respuesta a la hipoxia.**

SOBRECALENTAMIENTO

Tras un estudio de publicaciones anteriores sobre la **relación entre el estrés térmico y el SMSL, Guntheroth** encuentra una fuerte asociación entre la regulación térmica y el control ventilatorio, específicamente con apnea prolongada.

Se ha propuesto a las interleuquinas como los mediadores humorales, liberados por infección o estrés térmico, que provocarían vasoconstricción periférica, aumento del metabolismo y alteraciones en la termorregulación y en el control respiratorio que pueden llevar a apnea prolongada.

Algunos autores han incluido el estrés térmico dentro de la hipótesis de la reinspiración de CO_2, pero existen diversos factores de riesgo para el SMSL asociados con el estrés térmico no explicables con dicha teoría, lo que haría suponer dos mecanismos diferentes, aunque posiblemente relacionados en un proceso que lleva al *exitus a través de un fallo en el despertar* o una alteración respiratoria.

¿SE PUEDE EVITAR?

- Hay algunas cosas que los padres y encargados del cuidado de los bebés **pueden hacer para reducir el riesgo** de una muerte causada por el SMIS.
    - Los investigadores saben actualmente, por ejemplo, que la **salud materna** y el comportamiento de la madre durante el embarazo al igual que la salud del bebé antes de su nacimiento parecen influir en la ocurrencia del SMIS.
    - Los científicos también saben que ciertas **influencias ambientales** y conductuales (los llamados factores de riesgo) pueden hacer que un individuo sea más susceptible a enfermedades o tener mala salud
- El personal clínico y los investigadores del SMIS continuamente tratan de identificar los **factores de riesgo que pueden ser modificables o controlables** para reducir el riesgo del lactante al SMIS.

La Asociacion Española de Pediatria en 1991 constituyó oficialmente el **«Grupo de Trabajo»** para el Estudio y Prevención de la muerte súbita del lactante.

En 1996, el esfuerzo y dedicación de los integrantes del «Grupo de Trabajo», junto con otros profesionales sensibilizados por el SMSL, permitió la publicación de un **«Libro Blanco sobre el SMSL»**, el primero escrito en castellano, que ofreció una actualizada revisión de la mayoría de temas relacionados con el SMSL y aportó los diferentes protocolos para el estudio de las víctimas por una muerte súbita o para la selección de la población de riesgo aumentado a padecer un SMSL.

La Asociación Española de Pediatría (AEP), como lo han hecho otras Sociedades Científicas, preocupada por la incidencia y trascendencia del SMSL en nuestro país, lleva años desarrollando estudios a fin de conocer la real incidencia de esta entidad en nuestro medio; de desentrañar los factores de riesgo, de dar a conocer este cuadro entre los profesionales sanitarios y sobre todo de dar los consejos y normas orientadas a disminuir y, ojalá, a hacer desaparecer el SMSL en nuestro medio.

Se trata de un esfuerzo multidisciplinar en el que estamos todos implicados. Los avances en el conocimiento del SMSL han permitido precisar qué medidas tan elementales como:

- Poner a los niños a dormir boca arriba;
- Evitar el tabaquismo por parte de los padres durante el embarazo y tras el nacimiento;
- Evitar los colchones blandos,
- El sobrecalentamiento,
- Dormir en la misma cama de los niños
- y promover la lactancia materna

Son normas que aplicadas de forma sistemática constituyen la mejor profilaxis del SMSL.

Capitulo 4

FACTORES DE RIESGO ASOCIADOS AL SMSL

Factores relacionados con la madre:

- tabaquismo
- lactancia artificial
- factores socioeconómicos
- colecho

Factores relacionados con el niño:

- antecedentes de smsl
- prematuridad o bajo peso

Factores ambientales:

- postura del lactante en la cuna
- Sobrecalientamiento o arropamiento excesivo
- uso del chupete al dormir

Tabaquismo materno durante el embarazo y después del parto.

Muchos estudios han demostrado el efecto del tabaco sobre el riesgo de SMSL: prácticamente el riesgo se multiplica entre dos y tres veces. El riesgo también aumenta si el padre u otros convivientes fuman; el riesgo guarda relación con el número de cigarrillos fumados y se multiplica por cinco si la cifra es superior a 20 cigarrillos diarios.

La polución ambiental elevada aumenta el riesgo.

Lactancia artificial

La lactancia natural se había asociado a un riesgo levemente menor. Un factor protector descrito en muchas publicaciones como la LM , ha sido objeto de debate constante en las últimas décadas, siendo descartada inicialmente de muchas guías por su efecto dispar, pero incluida finalmente en la mayoría de ellas gracias al estudio de Chalco Orrego JP, Rojas Galarza R. La reducción del riesgo del síndrome de muerte súbita del lactante por la lactancia materna persiste durante el primer año de vida. Evid Pediatr. 2009; cuyas Conclusiones de los autores del estudio: la lactancia materna redujo el riesgo de síndrome de muerte súbita del lactante (SMSL) en un 50%, en todas las edades de la infancia. Se recomienda que se incluya el consejo de la lactancia materna durante el primer semestre de vida, como medida para reducir el riesgo de síndrome de muerte súbita del lactante.

Factores socioeconómicos

La paridad superior a tres y el intervalo entre gestaciones, el consumo de drogas psicotrópicas, café y alcohol y la ausencia de pareja estable se asocian ligeramente con mayor riesgo en algunos estudios. Esta asociación parece no ser independiente de otras variables socioeconómicas relacionadas, como el nivel de educación, la calidad de la vivienda, la edad materna y otras que se acumulan en determinados grupos de población en los que la falta de cuidados y el maltrato pueden ser más frecuentes.

Colecho

El compartir la cama con la madre si ésta fuma aumenta el riesgo de manera significativa (OR 4-9,25), de modo que su prevención podría disminuir en un tercio la mortalidad residual tras las campañas de dormir boca arriba. También si el padre fuma, si la cama es excesivamente blanda (camas de agua) y otros procedimientos para hacer más confortable el colchón de la madre. Si la madre no fuma no parece aumentar el riesgo, incluso puede tener efecto protector en el sentido de favorecer la lactancia al pecho, y para algunos autores favorecería el despertar del niño. En cualquier caso no existen evidencias en el momento actual para fomentar que el niño duerma en la cama con su madre para disminuir el riesgo de SMSL.

Antecedente de hermano fallecido por SMSL

El riesgo de recurrencia en hijos posteriores se ha estimado que es entre 2 y 10 veces la incidencia de la población general. En caso de abuso, abandono, deprivación afectiva o pobreza, el riesgo de recurrencia es mayor. En los gemelos existe un riesgo de hasta el 4% en las primeras 24 horas después del fallecimiento del hermano. Pasado ese tiempo el riesgo es igual que el de los hermanos en general.

Prematuridad y bajo peso al nacer

Aunque la mayoría de las víctimas del SMSL no fueron recién nacidos de bajo peso o prematuros (éstos sólo representan el 18% de los casos) se confirma en todos los estudios una asociación inversa muy significativa entre el SMSL y el peso al nacer, sobre todo por debajo de 2500 g. Se han postulado causas directas, indirectas o causas comunes para ambas situaciones.

Postura del lactante en la cuna:

El decúbito prono durante el sueño se ha asociado fuertemente con el SMSL en múltiples estudios, tanto en Europa como en Australia, Nueva Zelanda y Estados Unidos. Los hallazgos son muy consistentes y se repiten independientemente del tiempo y la situación geográfica. El decúbito lateral también presenta mayor riesgo (6,57 veces) que el decúbito supino.

El riesgo disminuye durmiendo de lado, siendo cinco veces menor que durmiendo boca abajo, pero el riesgo es doble que durmiendo boca arriba, aunque aumente la frecuencia de plagiocefalia y haya que hacer recomendaciones en este sentido.

Evidencia científica.

- El trabajo de Beal y Finch y sobre todo, el trabajo de revisión de todo lo publicado hasta entonces sobre la postura en decúbito prono, de **Guntheroth y Spiers en 1992**, terminó de clarificar la situación y convencer a los todavía incrédulos o excépticos.

- Este artículo hacia referencia a trabajos realizados en siete países, estando representados cuatro continentes y tres razas distintas.

- La probabilidad de padecer una muerte súbita era, durmiendo en prono, entre 3,5 y 9,3 veces superior que durmiendo en cualquier otra postura.

- La disminución de la prevalencia del decúbito prono se acompañaba de una disminución de la incidencia de muerte súbita, que oscilaba entre el 20% y el 67%.

- En opinión de los autores el abandono del decúbito prono supondría una disminución del número de fallecimientos por muerte súbita de un 50%.

¿EXISTEN COMPLICACIONES SECUNDARIAS AL DORMIR EN DECUBITO SUPINO?

Después de que la AAP sugirió por primera vez que los niños deben dormir en posición no prona, surgieron algunos interrogantes o preocupaciones por las posibles complicaciones tales como:

- Reflujo gastroesofágico.
- Plagiocefalia.
- Desarrollo neurológico retardado
- Es posible que algunos niños se despierten menos por la noche o duerman más en la posición boca abajo, o lo que es lo mismo, que duerman mejor boca abajo. Este parece un pequeño precio a pagar si reduce el riesgo de SMSL a menos de la mitad.

Reflujo gastroesofágico

Los niños sanos están protegidos de manera natural frente a la aspiración del vómito. Su vía aérea está a salvo mientras están boca arriba, y su riesgo de aspiración es mínimo debido que tienen reflejos de deglución (tragar), toser, vomitar y se despiertan en caso de atragantamiento.

No ha habido un incremento de niños fallecidos por aspiración de leche u otros alimentos desde que comenzaron las campañas de prevención.

La posición supina no incrementa los episodios de apnea (parada respiratoria) o cianosis (color azulado por falta de oxígeno). http://www.aepap.org/familia/smsl.htm

A muchos padres les preocupa que al acostar a sus bebés sobre la espalda estos puedan ahogarse con su propia saliva o vomito. Sin embargo, la AAP informa que no hay un incremento en el riesgo de ahogo en niños sanos que duermen sobre la espalda.

Figura tomada del "Material Informativo para los equipos de Salud" Sociedad Argentina de Pediatría. UNICEF. Dic 2003

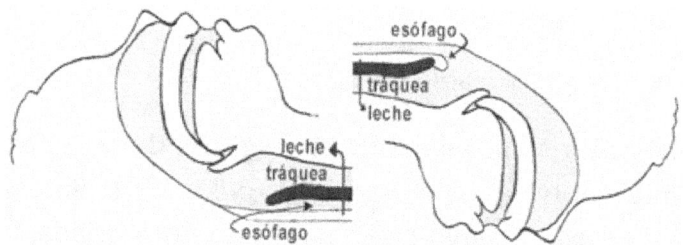

La Asociacion Española de Pediatria recomienda a los niños con reflujo gastroesofagico:

- **Mantener al niño verticalmente durante algún tiempo después de las tomas.** Intentar que no degluta mucho aire mediante el uso de una tetina adecuada, y esperando pacientemente a que lo expulse bien durante y después de las tomas.

- A pesar del reflujo, la posición para acostar al niño en la cuna es en **decúbito supino**; sobre colchón duro, se puede semi-incorporar (15 grados) con el fin de mantener el esófago algo más elevado que el estómago, siempre que sea posible mantenerle mediante algún freno abajo y a los lados evitando que se resbale.

- Aunque la posición de prono es la indicada para disminuir el reflujo, no se aconseja por el riesgo de MSL, se dejaría para una situación muy extrema y siempre con monitor de apneas.

- La posición lateral tampoco está recomendada porque también tiene más riesgo de MSL que la posición de supino.

- No es recomendable mantenerle sentado en portabebés ni sillitas, porque en esta posición, con la cintura flexionada aumenta la presión intraabdominal, favoreciéndose el reflujo.

Plagiocefalia

Algunos padres también temen que se produzca plagiocefalia postural o deformativa (*positional plagiocephaly*, en inglés), que consiste en una deformación del craneo en algunos bebés, como consecuencia de permanecer mucho tiempo recostados sobre su espalda, puede aplanarse la parte posterior de sus cabezas. Desde la difusión de la campaña "Dormir boca arriba" (*Back to Sleep*), este problema se ha vuelto bastante común, pero generalmente se trata fácilmente cambiando con frecuencia la posición del bebé y permitiéndole estar más tiempo "sobre su barriga" mientras esté despierto.

Desarrollo neurológico retardado

Existen varios estudios que han evaluado la relación del desarrollo motor y la posición al dormir, demostrando que el desarrollo motor grueso es algo mas tardío en el decúbito supino, pero esta diferencia no es detectable después de los 18 meses.

Según la Sociedad Argentina de Pediatría, la posición supina favorece el desarrollo del niño. Se considera que esta posición favorece el desarrollo global de la musculatura, ya que posibilita al niño mover libremente los brazos y piernas, realizar flexiones y extensiones y girar la cabeza. Además le permite observar a su alrededor, la manipulación de objetos, la comunicación y la relación con los demás.

Superficies blandas

El colchón blando sobre el que el niño duerme, las pieles de cordero sobre el lecho, así como otros procedimientos para que hagan la cama más blanda aumentan claramente el riesgo de SMSL. Si el niño duerme sobre un colchón usado utilizado anteriormente por un adulto o por otro niño también aumenta el riesgo, si bien se cuestiona que sea un factor independiente y no se han encontrado resultados similares en otros estudios.

Sobrecalientamiento

La temperatura ambiental elevada y el abrigo excesivo del niño aumentan el riesgo, sumándose al efecto de dormir boca abajo, así como también el fajado.

En los meses de invierno, en hogares con la calefacción encendida por la noche y por tanto con adecuada temperatura ambiental, se tiende, no obstante, a aumentar la cantidad de ropa de abrigo y el arropamiento en la cama, y los niños están a mayor temperatura interior, lo que puede ser un factor relacionado con la mayor tasa de mortalidad por SMSL en los meses de invierno.

Se incrementa significativamente el riesgo en situaciones de hacinamiento cuando duermen varias personas en la misma habitación, independientemente de los padres y hermanos pequeños.

Cohabitación

El dormir en la misma habitación que los padres o un adulto disminuye el riesgo. No aumenta el riesgo si en la misma habitación duermen otros hermanos.

Uso del chupete al dormir

Basándose en un meta-análisis (9 estudios retrospectivos de casos y controles publicados entre 1993 y 2003), la US Task Force recomienda, con nivel de evidencia de fuerza B, **"ofrecer al niño el chupete para dormir, en todos los episodios de sueño durante el primer año"**. El chupete durante sueño tiene un efecto protector del SMSL con fuerte correlación, calculándose una muerte evitable por cada 2.733 niños. El mecanismo no está claro. La creencia de que el chupete interfiere con la lactancia materna y produce problemas de maloclusión dental no está suficientemente confirmada. Se recomienda el uso del chupete de la siguiente forma:

- o Ofrecérselo al niño al ponerlo a dormir en decúbito supino y no reintroducirlo en la boca una vez que el niño se haya dormido. Si el niño no quiere el chupete, no forzarlo.
- o No mojar el chupete en ninguna sustancia dulce.
- o Limpiar el chupete y sustituirlo por otro nuevo con frecuencia.
- o En el caso de lactantes alimentados al pecho, se puede retrasar la introducción del chupete al mes de vida, cuando la lactancia materna ya está establecida.

Chupetes y SMSL

- Aumenta los microdespertares (Arousal) Franco P J Pediatr. 2000.
- Favorece que la lengua se mantenga en posición anterior.
- Aumenta levemente los niveles de CO_2.
- Aumenta el tono muscular de la vía aérea.
- Incremento en la producción de IgA por la succión no nutritiva.
- La presencia de un chupete en la boca impide la obstrucción total de la boca y nariz sobre el colchón.

La A.E.P. en el libro blanco sobre SMSL nos dice que está fuera de toda duda que hay una serie de **factores de riesgo sobre los que se debe actuar de manera enérgica**: posición al dormir boca arriba, colchón sólido y sin mullidos adicionales, evitar el tabaquismo materno durante el embarazo y la lactancia (y también el paterno), fomentar la lactancia materna, temperatura más baja en la habitación del niño, no arroparlo en exceso, y tenerlo más al alcance de la madre todo el día y todos los días y especialmente durante la noche.

De todas estas recomendaciones, a la hora de transmitirlas a los padres, las dos **más importantes**, internacionalmente aceptadas y consensuadas, se refieren a los criterios epidemiológicos más sólidamente asentados:

1) colocar siempre al niño lactante a **dormir boca arriba** y

2) crear un ambiente **libre de tabaco** para el niño durante el embarazo y después de nacer.

Capitulo 5

EVIDENCIA CIENTIFICA

Ante esta evidencia epidemiológica fueron muchos los países que pusieron en marcha campañas de intervención para evitar estos factores de riesgo. La iniciativa de estas campañas partió de sociedades científicas, organismos sanitarios locales, o instituciones de salud pública nacionales, pero también de la preocupación y el esfuerzo de muchos pediatras sensibilizados con el problema de la muerte súbita.

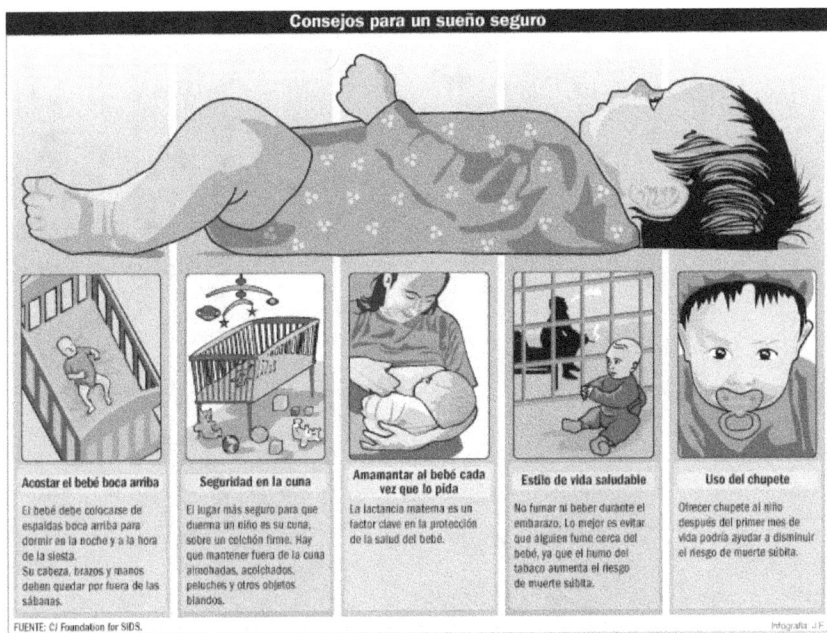

Síndrome de muerte súbita del lactante. Manual para padres y personal sanitario.

Síndrome de muerte súbita del lactante. Manual para padres y personal sanitario.

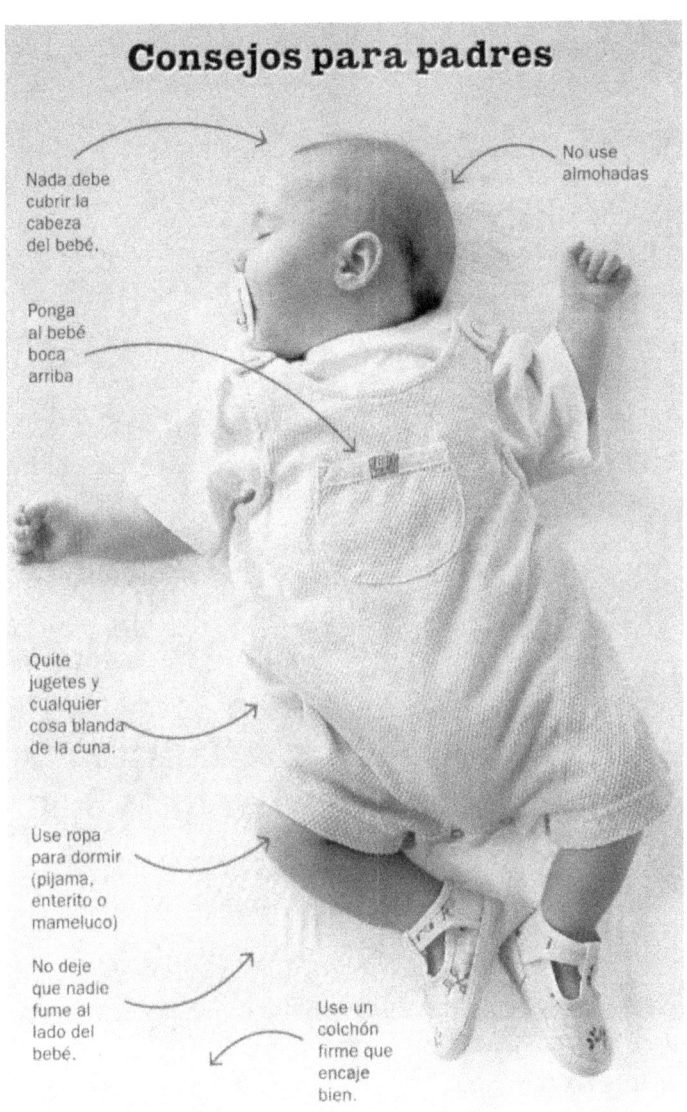

Síndrome de muerte súbita del lactante. Manual para padres y personal sanitario.

Síndrome de muerte súbita del lactante. Manual para padres y personal sanitario.

EFECTIVIDAD DE LA INTERVENCIÓN
Consejos preventivos

Las campañas para evitar el decúbito prono durante el sueño en los lactantes producen una disminución del 30 al 50% en la tasa de mortalidad por SMSL en todos los países donde se ha conseguido disminuir drásticamente la prevalencia de esta postura. Por otra parte el decúbito supino o lateral no han mostrado ningún otro peligro asociado (muertes por aspiración u otras causas) lo que ha hecho que se extendiera la recomendación de evitar el prono. En EE. UU. la Academia Americana de Pediatría hizo la recomendación formal en Junio de 1992.

Capitulo 6

RECOMENDACIONES DE LOS GRUPOS DE EXPERTOS

Las recomendaciones anteriormente citadas están incluidas en las establecidas por los siguientes grupos de expertos:

- Academia Americana de Pediatría.

- Previnfad / PAPPS (Programa Actividades Preventivas y Promoción de la Salud).

- Grupo de trabajo de estudio y prevención de la muerte súbita infantil de la Asociación Española de Pediatría.

Como Reducir el Riesgo de que su Bebé Sea Víctima del SMIS: Dormir de Espalda y Cuna Segura

- Asegúrese que todos los que cuidan de su bebé lo pongan de espaldas para dormir.
- Use un colchón firme, que ajuste bien en la cuna y que satisfaga las normas actuales de seguridad.

- Saque de la cuna almohadas, cobertores, plumones, pieles de oveja, juguetes de peluche, y otros productos blandos.

- Vista a su bebé con ropa de dormir que no haga necesario usar otros elementos para cubrirlo.

- Ubique a su bebé de modo que sus pies queden al pie de la cuna.

- Coloque una frazada delgada alrededor de la parte inferior del colchón de la cuna que cubra al bebé solamente hasta el pecho asegúrese que la cabeza del bebé permanezca descubierta durante el sueño.

- Mantenga a su bebé abrigado, pero no excesivamente.

- Asegúrese que todos los encargados del cuidado de su bebé entiendan los peligros de una cuna blanda.

- Evite que el bebé duerma en camas de adultos, camas de agua, sofás u otras superficies blandas.

Academia Estadounidense de Pediatría (American Academy of Pediatrics), octubre de 2005, recomiendan :

- **Acueste siempre a los bebés a dormir boca arriba** (incluso durante las siestas). **NO acueste a los bebés a dormir boca abajo. Dormir de lado es inestable y también se debe evitar.** Permitir que el bebé ruede sobre su vientre mientras está despierto puede impedir que se forme un punto plano (debido al hecho de dormir en una posición) en la parte posterior de la cabeza.

- **Acueste a los bebés solamente en una cuna.** NUNCA permita que el bebé duerma en la cama con otros niños o adultos y tampoco lo acueste a dormir sobre superficies diferentes a cunas, como un sofá.

- **Deje que los bebés duerman en el mismo cuarto (NO en la misma cama) que sus padres.** En lo posible, las cunas de los bebés deben estar ubicadas en la alcoba de los padres para permitir la alimentación por la noche.

- **Evite los tendidos de cama blandos.** Los bebés deben estar en colchones para cunas firmes, apretados, bien ajustados, y sin cobertores. Use una frazada liviana para cubrir el bebé. No utilice almohadas, cobertores ni edredones.

- **Verifique que la temperatura ambiente no esté muy caliente.** La temperatura ambiente debe ser confortable para un adulto con ropas ligeras. El bebé no debe estar caliente al tacto.

- **Ofrézcale al bebé un chupete al irse a dormir.** Los chupetes a la hora de la siesta y a la hora de ir a dormir pueden reducir el riesgo de SMSL. Los médicos creen que los chupetes podrían permitir que las vías respiratorias se abran más o impedir que el bebé caiga en un sueño profundo. Un bebé que se despierta más fácilmente puede en forma automática salirse o abandonar una posición peligrosa. Si el bebé está lactando, es mejor esperar hasta un mes antes de ofrecerle un chupete, de manera que esto no interfiera con la lactancia. No fuerce a un bebé a usar chupete.

- **No utilice monitores de respiración ni productos comercializados como formas de reducir el SMSL.** En el pasado, en las familias con antecedentes de este problema, se recomendaba el uso de monitores caseros para apnea (respiración), pero la investigación concluyó que no tenían efecto y su uso ha cesado en gran medida.

ACTIVIDADES PREVENTIVAS Estrategia poblacional. Consejos para toda la población. PrevInfad (AEPap)/PAPPS

Con los conocimientos que actualmente tenemos sobre el problema pueden recomendarse los siguientes consejos preventivos a la población general:

1.- Consejo sobre **la *postura del lactante durante el sueño:*** evitar la posición en prono durante el sueño hasta los 6 meses de edad. La posición más adecuada es el decúbito supino. El decúbito lateral es inestable y muchos de los niños colocados así acaban en prono. Es conveniente que la madre conozca esta recomendación antes del parto. No está clara la indicación de forzar la postura en los niños que se dan la vuelta espontáneamente una vez colocados en supino para dormir.

2.- **Desaconsejar fuertemente el** *tabaquismo*, muy especialmente a la madre desde el comienzo de la gestación. Se debe insistir también en el consejo antitabáquico a ambos padres desde la primera visita de control del recién nacido. La minimización de la exposición supone desaconsejar cualquier exposición al humo del tabaco.

3.- Evitar los colchones muy blandos o de lana, los almohadones y cojines, los colgantes al cuello y cualquier otro objeto que pueda provocar asfixia durante el sueño, como cintas o cordones en las inmediaciones de la cuna.

4.- Mantener en **la habitación una temperatura de 20 a 22ºC**.

5.- En virtud a la asociación clara y fuerte que demuestra que **el uso chupete puede ser un factor preventivo en la SMSL**, es prudente, al menos en una primera fase, no rechazar el uso del chupete para el sueño durante el primer año. La controversia actual está sujeta a la limitación de conocimientos y está a la espera de que se avance descartando los posibles factores de confusión, de que exista explicación de los mecanismos de acción y de evaluar correctamente los posibles efectos adversos derivados de su aplicación (especialmente interferencias con la lactancia materna).

Además de los citados, otros muchos grupos y las autoridades sanitarias de múltiples países han apoyado explícitamente estas recomendaciones:

- ☐ **Evitar la posición de prono** durante el sueño en los lactantes hasta los 6 meses de edad.

- ☐ **Evitar los colchones blandos** o de lana, los almohadones, los colgantes al cuello y cualquier otro objeto que pueda provocar asfixia durante el sueño, como cintas o cordones, en las inmediaciones de la cuna.

- ☐ **Desaconsejar el tabaquismo** de los padres, especialmente de la madre, prioritariamente durante la gestación aunque también después del nacimiento. Si no es posible reducir el hábito, evitar al máximo la exposición del lactante.

- ☐ **Evitar el arropamiento excesivo** del lactante, especialmente si tiene fiebre, cuidando de no cubrirle la cabeza. Mantener una temperatura agradable en la habitación (idealmente de 20 a 22 ºC).

- ☐ **Amamantar al pecho**.

- ☐ Es prudente **no rechazar el uso del chupete para el sueño durante el primer año de vida**, mientras se resuelve la controversia de su asociación protectora con el SMSL.

- ☐ NUNCA le dé miel a un bebé menor de 1 año, ya que ésta puede causar botulismo infantil en niños muy pequeños, enfermedad que puede estar asociada con el SMSL.

- ☐ Hasta que la naturaleza de la enfermedad no se comprenda por completo, la prevención total no será una realidad.

ORGANIZACIÓN DE LA ACTIVIDAD EN EL EQUIPO DE ATENCIÓN PRIMARIA

Los consejos deben ser efectuados por profesionales de medicina o enfermería, o por ambos, desde el primer contacto con la familia.

El consejo antitabáquico debe efectuarse desde la primera visita de la embarazada. El resto pueden llevarse a cabo desde la visita prenatal o la primera visita del recién nacido. Se repetirán posteriormente en los controles periódicos de salud del lactante hasta los 6 meses de vida.

Ante este importante problema sanitario y social, cuyas causas están todavía por aclararse, sólo podemos extraer la necesidad de prevención y educación para eliminar conceptos erróneos y tratar de disminuir su incidencia, labor en la que la enfermera debe participar activamente(Capitulo del libro blanco del SMSL).

BIBLIOGRAFIA

Libro blanco del SMSL. Junio 1996 **Anexo 3.2 Comunicado del Grupo para el Estudio y Prevención de la muerte súbita infantil (GEPMSI) de la Asociación Española de Pediatría (AEP)** *J.E. Olivera Olmedo1, E. Camarasa Piquer2* 1Responsable de Aspectos Sociales. 2Coordinador Nacional del GEPMSI de la AEP.

www.ingramcontent.com/pod-product-compliance
Lightning Source LLC
Chambersburg PA
CBHW072300170526
45158CB00003BA/1125